石油石化有害因素防护系列口袋书

粉尘防护

中国石油化工集团有限公司安全监管部
中国石化集团公司职业病防治中心　组织编写

中国石化出版社

内 容 提 要

本书为《石油石化有害因素防护系列口袋书》之一，在介绍生产性粉尘定义、来源、分类的基础上，针对生产性粉尘的危害、如何预防生产性粉尘和做好个体防护、职业健康监护等进行了详细的描述。

本书以文字加图片形式，一目了然、简明扼要，非常适合于油田、炼化、工程等企业进行员工培训使用，也可供从事安全、职业健康工作的技术和管理人员参考。

图书在版编目（C I P）数据

粉尘防护口袋书 / 中国石油化工集团有限公司安全监管部，中国石化集团公司职业病防治中心组织编写 . — 北京：中国石化出版社，2020.1
（石油石化有害因素防护系列口袋书）
ISBN 978-7-5114-5638-0

Ⅰ . ①粉… Ⅱ . ①中… ②中… Ⅲ . ①粉尘 – 防护
Ⅳ . ① X513

中国版本图书馆 CIP 数据核字 (2020) 第 005737 号

中国石化出版社出版发行

地址：北京市东城区安定门外大街 58 号
邮编：100011　电话：(010) 57512500
发行部电话：(010) 57512575
http://www.sinopec-press.com
E–mail:press@sinopec.com
北京富泰印刷有限责任公司印刷
全国各地新华书店经销

*

787×1092 毫米 32 开本 2 印张 34 千字
2020 年 3 月第 1 版　2020 年 3 月第 1 次印刷
定价：20.00 元

对于粉尘来说，人们并不陌生。粉尘几乎随处可见，人们无可避免地必须要接触粉尘。同时，它又不可或缺，大气中的粉尘是保持地球温度的主要因素之一。过多或过少的粉尘，都将对环境产生灾难性的影响。

粉尘的危害不容小觑，尤其是生产性粉尘，它是诱发多种疾病的主要原因。长期、大量接触生产性粉尘，可引起痤疮、毛囊炎、脓皮病，导致角膜感觉丧失或浑浊，诱发鼻炎、咽炎、喉炎，还能破坏人体正常的防御功能，引起尘肺病。某些特殊粉尘，如石棉粉尘具有致癌性，铅、砷、锰等有毒粉尘可导致中毒。因此，了解所处的工作环境，熟知工作场所中的粉尘，掌握生产性粉尘的危害及防治知识，是企业与员工的共同责任。

- 您知道粉尘的定义吗？
- 什么是生产性粉尘？
- 生产性粉尘从哪里来？
- 生产性粉尘分为几类？

- 生产性粉尘的危害是什么？
- 什么是尘肺病？
- 粉尘的职业接触限值和峰接触浓度？
- 如何预防生产性粉尘？
- 如何做好粉尘的个体防护？
- 您所在的作业场所可能存在哪些生产性粉尘？

本书中我们将图文并茂地一一回答这些问题。

目录

① 粉尘

粉尘（dust）是指悬浮在空气中的固体微粒。习惯上对粉尘有许多称呼，如灰尘、尘埃、烟尘、矿尘、砂尘、粉末等，这些名词没有明显的界限。国际标准化组织规定，粒径小于75μm 的固体悬浮物定义为粉尘。

粉尘的定义

2 生产性粉尘

生产性粉尘是指在生产中形成的，能较长时间飘浮在作业场所空气中的固体微粒。它是污染环境、危害劳动者健康的重要因素之一。

什么是生产性粉尘？

二、 生产性粉尘的来源

生产性粉尘的来源十分广泛，几乎所有的工农业生产过程均可产生粉尘，其主要来源可归纳为：

01 固体物料的机械粉碎和研磨

02　粉状物料的混合、筛分、包装、添加、卸料及运输过程

03　物质的加热、燃烧、爆炸、金属冶炼过程

04　其他来源

三、 生产性粉尘的分类

生产性粉尘按性质可分为无机粉尘、有机粉尘和混合性粉尘。

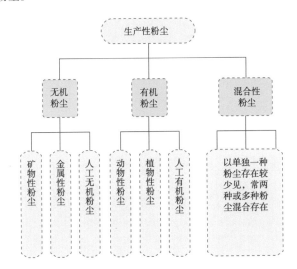

1. 无机粉尘

无机粉尘包括矿物性粉尘,如石英、石棉、滑石、煤等;金属性粉尘,如铁、锡、铝、锰、铅、锌等及其化合物;人工无机粉尘,如金刚砂、水泥、玻璃纤维等。

2. 有机粉尘

有机粉尘包括动物性粉尘，如毛、丝、骨质等；植物性粉尘，如棉、麻、草、甘蔗、谷物、木、茶等；人工有机粉尘，如有机农药、有机染料、合成树脂、合成橡胶、合成纤维等。

3. 混合性粉尘

在生产环境中，以单独一种粉尘存在的较少见，大部分情况下为两种或多种粉尘混合存在，称之为混合性粉尘。

在生产环境中，大部分粉尘为混合性粉尘。

四、 生产性粉尘的理化性质

生产性粉尘对人体的危害程度与其理化性质有关,与其生物学作用及防尘措施等也有密切关系。在卫生学上,有意义的粉尘理化性质包括粉尘的化学成分、分散度、溶解度、密度、形状、硬度、荷电性和爆炸性等。

生产性粉尘的化学成分、浓度和接触时间是直接决定粉尘对人体危害性质和严重程度的重要因素。

1 化学成分

生产性粉尘的化学成分、浓度和接触时间是直接决定粉尘对人体危害性质和严重程度的重要因素。根据粉尘化学性质不同，粉尘对人体有致纤维化、中毒、致敏等作用。对于同一种粉尘，它的浓度越高，与其接触的时间越长，对人体危害越严重。

同一种粉尘
浓度越高；
与其接触时间越长；
对人体危害越严重。

② 分散度

生产性粉尘的分散度是表示粉尘颗粒大小的一个概念，它与粉尘在空气中呈浮游状态存在的持续时间（稳定程度）有密切关系。粉尘的颗粒越小，分散度越高。在生产环境中，由于通风、热源、机器转动以及人员走动等原因，使空气经常流动，从而使尘粒沉降变慢，延长其在空气中的浮游时间，被人吸入的机会就越多。直径小于5μm的粉尘对机体的危害性较大，也易于达到呼吸器官的深部。

直径小于5μm
的粉尘对机体
的危害性较大，
也易于达到呼
吸器官的深部。

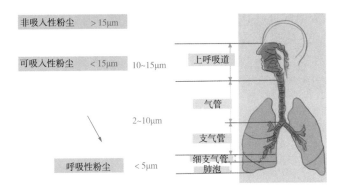

非吸入性粉尘	> 15μm		
可吸入性粉尘	< 15μm	10~15μm	上呼吸道
			气管
		2~10μm	支气管
呼吸性粉尘	< 5μm		细支气管 肺泡

3. 溶解度

生产性粉尘溶解度大小与对人危害程度的关系，因粉尘作用性质不同而异。主要呈化学毒作用的粉尘，随溶解度的增加其危害作用增强；主要呈机械刺激作用的粉尘，随溶解度的增加其危害作用减弱。

4. 密度

粉尘颗粒密度的大小与其在空气中的稳定程度有关，尘粒大小相同，密度大者沉降速度快、稳定程度低。因此，在通风除尘设计中，要考虑密度这一因素。

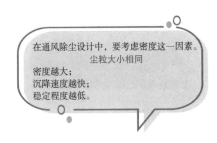

在通风除尘设计中，要考虑密度这一因素。
尘粒大小相同
密度越大；
沉降速度越快；
稳定程度越低。

5. 形状

生产性粉尘颗粒的形状多种多样。质量相同的尘粒因形状不同，在沉降时所受阻力也不同。因此，粉尘的形状能影响其稳定程度。

粉尘的形状能影响其稳定程度

6. 荷电性

高分散度的尘粒通常带有电荷，与作业环境的湿度和温度有关。尘粒带有相异电荷时，可促进凝集、加速沉降。粉尘的这一性质对选择除尘设备有重要意义。荷电的尘粒在呼吸道可被阻留。

尘粒带有相异电荷时，可促进凝集、加速沉降。对选择除尘设备有重要意义。

7 爆炸性

高分散度的煤炭、糖、面粉、硫黄、铝、锌等粉尘具有爆炸性。发生爆炸的条件，第一是可燃性粉尘以适当的浓度（爆炸极限范围内）在空气中悬浮；第二是有充足的空气和氧化剂；第三是有火源或者强烈震动与摩擦。

五、 生产性粉尘的危害

不同特性的粉尘对人体造成的损伤不尽相同，其危害主要有五种。

因大量吸入生产性粉尘导致的尘肺病，是我国职业性疾病中数量最多、影响面最广和危害最严重的一类疾病。

1. 生产性粉尘的主要危害

（1）破坏人体正常的防御功能

长期、大量吸入生产性粉尘，可使：

- 呼吸道黏膜、气管、支气管的纤毛上皮细胞受到损伤；

- 破坏呼吸道的防御功能；

- 肺内尘源的积累会随之增加。

因此，接触员工脱离粉尘作业后还可能会患尘肺病，而且会随着时间的推移病程加深。

　　（2）可引起肺部疾病

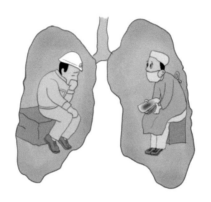

　　长期大量吸入粉尘，使肺组织发生弥漫性、进行性纤维组织增生，引起尘肺病，使呼吸功能严重受损和劳动能力下降或丧失。矽肺是纤维化病变最严重、进展最快、危害最大的尘肺。

　　（3）致癌

　　有些粉尘具有致癌性，如石棉是世界公认的致癌物质，石棉尘可引起间皮细胞瘤，可使肺癌的发病率明显增高。

　　（4）毒性作用

　　铅、砷、锰等有毒粉尘，能在支气管和肺泡壁上被溶解吸收，引起铅、砷、锰等中毒。

（5）局部作用

粉尘堵塞皮脂腺使皮肤干燥，可引起痤疮、毛囊炎、脓皮病等；粉尘对角膜的刺激及损伤可导致角膜的感觉丧失、角膜浑浊等改变；粉尘刺激呼吸道黏膜，可引起鼻炎、咽炎、喉炎。

②尘肺病知识

（1）尘肺病的定义和分类

尘肺是因长期吸入一定量的生产性粉尘引起的以肺组织纤维化为主的疾病。

按尘肺病程长短，分为快型、慢型和晚发型尘肺；按粉尘致肺纤维化病变与否，分为非纤维化型（肺粉尘沉着症）和纤维化型病变（尘肺）。

目前通过大量临床观察、X 线检查、病理解剖和实验室研究，较为一致的是按病因不同，将尘肺分为五类：

矽肺	由吸入含有游离二氧化硅粉尘引起的尘肺
硅酸盐肺	由吸入含有结合二氧化硅的粉尘如石棉、云母、霞石等引起的尘肺
炭尘肺	由吸入煤、石墨、炭黑、活性炭等粉尘引起的尘肺
混合性尘肺	由吸入含有游离二氧化硅及其他粉尘（如煤矽尘、铁矽尘）引起的尘肺
金属尘肺	由吸入某些金属粉尘（如铁、铝尘等）引起的尘肺

（2）尘肺病的临床表现

尘肺病无特异的临床表现，其临床表现多与合并症有关。

①咳嗽。尘肺病人易合并慢性支气管炎，晚期病人多合并肺部感染，均可使咳嗽明显加重。咳嗽与季节、气候等有关。

②咳痰。一般咳痰量不多，多为灰色稀薄痰。如合并肺

内感染及慢性支气管炎，痰量则明显增多，痰呈黄色黏稠状或块状，常不易咳出。

③胸痛。尘肺病人常常感觉胸痛，部位不一，且常有变化，一般为隐痛，也可表现为胀痛、针刺样痛等。

④呼吸困难。随着肺组织纤维化程度的加重，有效呼吸面积减少，通气与血流比例失调，呼吸困难也逐渐加重。合并症的发生可明显加重呼吸困难的程度和发展速度。

务必注意！
接触生产性粉尘的员工，在出现咳嗽、咳痰、胸痛、呼吸困难、咯血等不同程度的全身症状时，要引起高度重视！抓紧去医院检查，做到早发现，早治疗！

⑤咯血。较为少见，可由于呼吸道长期慢性炎症引起黏膜血管损伤，痰中带少量血丝；也可能由于大块纤维化病灶的溶解破裂损及血管而使血量增多。

⑥其他。除上述呼吸系统症状外，可有程度不同的全身症状，常见有消化功能减低。

（3）法定尘肺病

我国《职业病分类和目录》中，给出的法定尘肺病有 13 种，包括矽肺、煤工尘肺、石墨尘肺、炭黑尘肺、石棉肺、滑石尘肺、水泥尘肺、云母尘肺、陶工尘肺、铝尘肺、电焊工尘肺、铸工尘肺，以及根据《尘肺病诊断标准》和《尘肺病理诊断标准》可以诊断的其他尘肺。

六、 职业接触限值

1. 部分粉尘的职业接触限值

　　职业性有害因素的接触限值，是指劳动者在职业活动过程中长期反复接触，对绝大多数接触者的健康不引起有害作用的容许接触水平。

　　《工作场所有害因素职业接触限值 第1部分：化学有害因素》（GBZ 2.1—2019）中，给出工作场所空气中粉尘接触限值的容许浓度共计49种，石油化工生产中常见的有15种。

　　为有助于理解该表，对表中所涉及的概念作一介绍。

工作场所空气中粉尘允许浓度（部分）

中文名	英文名	化学文摘号 （CAS No.）	PC-TWA/（mg/m³）		备注
			总尘	呼尘	
电焊烟尘	Welding fume		4	—	G2B
二氧化钛粉尘	Titanium dioxide dust	13463-67-7	8	—	—
硅藻土粉尘（游离 SiO$_2$ 含量 < 10%）	Diatomite dust（free SiO$_2$ 含量 < 10%）	61790-53-2	6	—	—
聚丙烯粉尘	Polypropylene dust		5	—	—
聚丙烯腈纤维粉尘	Polyacrylonitrile fiber dust		2	—	—
聚氯乙烯粉尘	Polyvinyl chloride（PVC）dust	9002-86-2	5	—	—
聚乙烯粉尘	Polyethylene dust	9002-88-4	5	—	—
铝尘 铝金属、铝合金粉尘 氧化铝粉尘	Aluminum dust Metal & alloys dust Aluminium oxide dust	7429-90-5	3 4	—	—
煤尘（游离 SiO$_2$ 含量 < 10%）	Coal dust（free SiO$_2$ 含量 < 10%）		4	2.5	—

中文名	英文名	化学文摘号（CAS No.）	PC-TWA/（mg/m³）		备注
			总尘	呼尘	
石灰石粉尘	Limestone dust	1317-65-3	8	4	—
水泥粉尘（游离 SiO$_2$ 含量 <10%）	Cement dust (free SiO$_2$ 含量 < 10%)		4	1.5	—
炭黑粉尘	Carbonblack dust	1333-86-4	4	—	G2B
矽尘	Silica dust	14808-60-7			G1（结晶型）
10%≤游离 SiO$_2$ 含量 ≤50%	10% ≤ free SiO$_2$ ≤ 50%		1	0.7	
50%<游离 SiO$_2$ 含量 ≤80%	50% < free SiO$_2$ ≤ 80%		0.7	0.3	
游离 SiO$_2$ 含量 >80%	freeSiO$_2$ > 80%		0.5	0.2	
重晶石粉尘	Barite dust	7727-43-7	5	—	—
其他粉尘	Particles not otherwise regulated		8	—	—

a：指游离 SiO$_2$ 低于 10%，不含石棉和有毒物质，而尚未制定容许浓度的粉尘。表中列出的各种粉尘（石棉纤维尘除外），凡游离 SiO$_2$ 高于 10% 者，均按矽尘容许浓度对待。

（1）PC-TWA

时间加权平均容许浓度PC-TWA，是以时间为权数规定的8h工作日、40h工作周的平均容许接触浓度。

（2）总尘

"总尘"是指可进入整个呼吸道（鼻、咽和喉、胸腔支气管、细支气管和肺泡）的粉尘。技术上系用总粉尘采样器按标准方法在呼吸带测得的所有粉尘。

（3）呼尘

"呼尘"是指呼吸性粉尘。按呼吸性粉尘标准测定方法所采集的可进入肺泡的粉尘粒子，其空气动力学直径均在7.07μm以下，空气动力学直径5μm粉尘粒子的采样效率为50%，简称"呼尘"。

② 粉尘的峰接触浓度

《工作场所有害因素职业接触限值 第1部分：化学有害因素》（GBZ 2.1—2019）中规定：对于接触具有PC-TWA但

尚未制定 PC–STEL 的化学有害因素，应使用峰接触浓度控制短时间的接触。

什么是峰接触浓度？

峰接触浓度是在最短的可分析的时间段内（不超过15min）确定的空气中特定物质的最大或峰值浓度。在遵守PC–TWA 的前提下，容许在一个工作日内发生的任何一次短时间（15min）超过 PC–TWA 水平的最大接触浓度。

在符合 PC–TWA 的前提下，劳动者接触粉尘水平瞬时超过 PC–TWA 值 3 倍的接触每次不得超过 15min，一个工作日期间不得超过 4 次，相继间隔不短于 1h，且在任何情况下都不能超过 PC–TWA 值的 5 倍。

职业性尘肺病是我国患病人数最多的一类职业病，对劳动者健康造成极大威胁，但尚无特效治疗方法。因此，预防尤为关键。预防尘肺病，关键在于防尘降尘，即以"革、水、密、风、护、管、教、查"八字方针为原则，预防并降低粉尘危害。

尘肺病防治八字方针"革、水、密、风、护、管、教、查"

① 革

"革"是指技术革新。

优先采用新技术、新工艺，改进工艺操作，改造生产设备，是消除粉尘危害的根本途径。采用新技术、新工艺，以减少原材料中游离二氧化硅含量，或以不含游离二氧化硅的材料来代替。生产机械化、连续化、自动化，以减少体力劳动，减少尘源，减少粉尘飞扬。生产管道化、密闭化，使员工与有尘设备尽可能地隔离，以减少员工与粉尘的接触。

2. 水

"水"是指湿式作业。

粉尘遇水后很容易吸收、凝聚、增重。因此，喷雾洒水、湿式作业是一种经济有效，又比较容易做到的防尘措施。它可大大减少粉尘的产生及扩散，极大地改善作业环境。

喷雾降尘装置

3. 密

"密"是指密闭尘源。

在不影响操作的前提下，尽可能地把产尘设备密闭起来，防止粉尘逸出，从而减少员工与粉尘的接触。所采用的密闭方式应不影响生产操作，同时，要降低密闭设备的停车率，减少频繁的检修。密闭尘源通常与通风除尘技术配合使用。

灰库密闭装车

4. 风

"风"是指通风除尘。

通风除尘是目前应用最为普遍、效果较好的一项防尘技术措施。通常是在尘源处或其近旁设置吸尘罩，利用风机作动力，将作业场所的粉尘连同运载粉尘的气体吸入罩内，经风管送至除尘器进行净化，达到排放标准后再经风管排入大气。通风除尘系统的吸尘罩、风道、除尘器和风机，无一不影响除尘效果，需经专业设计和施工。

除尘技术主要是运用两相流动的液固分离或气固分离原理对气体中的液态、固态颗粒物进行捕捉和收集。

除尘器的形式很多，常见的除尘设备有机械式除尘器、静电除尘器、湿式除尘器、袋式除尘器，以及电袋复合式除尘器、复合式无动力除尘器等。

（1）机械式除尘器

机械式除尘器主要可以分为惯性除尘器、重力沉降室、旋风除尘器等。其中，前二者的除尘效率较低，旋风除尘器的除尘效率大致居于众多除尘设备中的中等。

重力沉降室除尘器

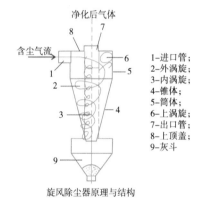

1-进口管；
2-外涡旋；
3-内涡旋；
4-锥体；
5-筒体；
6-上涡旋；
7-出口管；
8-上顶盖；
9-灰斗

旋风除尘器原理与结构

（2）静电除尘器

静电除尘器可以对粒径范围在 0.01~100μm 之间的各类雾状液滴和细微粉尘进行捕集，当粉尘粒径在 0.2μm 以上时，其效率能够超过 99％。静电除尘器的缺点是对煤种、灰分及粉尘比电阻值的变化较为敏感，除尘效率易受粉尘比电阻的影响，不稳定。

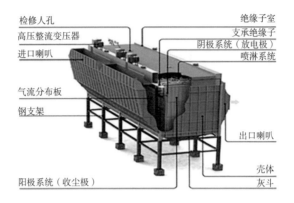

检修人孔
高压整流变压器
进口喇叭
气流分布板
钢支架
阳极系统（收尘极）

绝缘子室
支承绝缘子
阴极系统（放电极）
喷淋系统
出口喇叭
壳体
灰斗

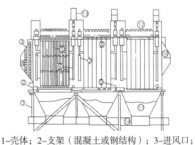

1-壳体；2-支架（混凝土或钢结构）；3-进风口；
4-分布图；5-放电极；6-放电极振打结构；
7-放电极悬架框架；8-沉淀极；
9-沉淀极振打及传动装置；10-出气口；
11-灰斗；12-防雨盖；13-放电极振打传动装置
14-拉链机

（3）袋式除尘器

袋式除尘器有着极高的除尘效率，能够对粒径在 5μm 以下的有毒、有害细微颗粒进行高效的捕集，同时还不会受到粉尘的性质和烟气成分的影响。缺点是滤袋寿命较短，维护费用较高；运行阻力较高，风机能耗较大；滤袋承受 SO_3、NO_2、O_2 及高温等的能力较弱。

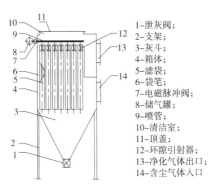

1-泄灰阀；
2-支架；
3-灰斗；
4-箱体；
5-滤袋；
6-袋笔；
7-电磁脉冲阀；
8-储气罐；
9-喷管；
10-清洁室；
11-顶盖；
12-环隙引射器；
13-净化气体出口；
14-含尘气体入口

（4）湿式除尘器

湿式除尘器是用水或其他液体使含尘气体中的尘粒润湿而捕集的除尘设备，如水浴除尘器、旋风水膜除尘器、自激式水力除尘器、文氏管除尘器等。一般来说在黏性颗粒和高温废气的处理中运用较广，也有着较高的除尘效率。但捕集下来的粉尘是污泥和污水状物，处理比较复杂，如果维护管理不善，可能造成排水管堵塞，除尘器效率下降等问题。

净气排放
净气过渡室
净气出口
肮脏空气入口

（5）电袋复合式除尘器

电袋复合式除尘器的优点是，电袋的阻力上升率平稳，平均阻力低，维护工作量相对较少，操作便捷，节能明显。缺点是，由于布袋除尘区进口与电除尘区无法有效完全隔开，在烟气温度过高时会对滤袋产生一定的影响。

（6）复合式无动力除尘器

复合式无动力除尘器近年来在电厂的输煤系统中得到了很好的应用。无动力（微动力）除尘技术，具有投资少、使用周期长、灵活安装不占地、无人操作无能耗、生产成本低、维护量小、除尘工艺简捷有效、无二次污染等优点。其局限性是，该技术用于原料处理系统除尘，粉尘落入皮带运输机随物料运走。若物料不能有粉尘带入，则要采取其他措施，将捕集到的粉尘进行处理。

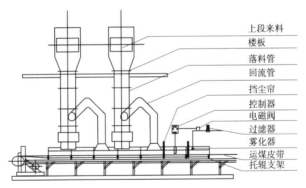

复合式无动力除尘器结构示意图

⑤．护

"护"是指个体防护。

个体防护是一项辅助性的措施。它通常是在其他技术措施的基础上，让从事粉尘作业的员工，通过佩戴个体防护用品，如防尘面罩、防尘口罩等，以减少粉尘吸入，从而降低粉尘的危害。

随弃式防尘口罩　　送风过滤式防尘面罩　　防尘帽

6. 管

"管"是指加强管理。

加强防尘管理，建立健全粉尘危害防治责任制、除尘设备设施管理制度和工作场所职业病危害因素检测评价制度，合理调配劳动组织，尽量减少粉尘作业人数，缩短员工接触粉尘的时间等。粉尘作业前后，应做到：先戴呼吸防护用品，后进现场；先开通风除尘设备，后工作；先轻拿，后轻放；先停机停车，后关通风停除尘；先浇水，后扫地；先清洁，后下班。

符合国家标准限值要求

7 教

"教"是指宣传教育。

对单位负责人、职业健康管理人员和从事粉尘作业的员工，要实施有针对性的职业健康教育。尤其是对从事粉尘作业的员工，必须进行专门的上岗前和在岗期间的职业健康教育，让员工明晰生产性粉尘的危害，掌握粉尘防治知识，学会正确使用通风除尘设备设施和个体防护用品，不断增强自我保护意识。

8 查

"查"是指职业健康检查、定期监测和监督检查。

对从事粉尘作业的员工，用人单位要按规定组织上岗前、在岗期间和离岗时的职业健康检查，并将检查结果书面告知员工。定期监测作业场所空气中粉尘浓度，加大监督检查力度，检查防尘效果，督促采取防尘降尘措施，追查作业场所粉尘浓度超过职业接触限值的原因，不断改善作业条件。

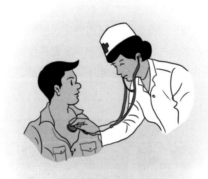

八、 职业健康监护

《职业健康监护技术规范》（GBZ 188—2014）给出游离二氧化硅粉尘（结晶性二氧化硅粉尘）、煤尘、石棉粉尘、其他致尘肺病的无机粉尘、棉尘（包括亚麻、软大麻、黄麻粉尘）和有机粉尘等粉尘作业劳动者职业健康监护要求。不同的粉尘，其目标疾病、职业健康检查内容、健康体检周期等略有不同。下面以游离二氧化硅粉尘（结晶性二氧化硅粉尘）为例介绍。

1 上岗前职业健康检查

（1）目标疾病

职业禁忌证：

● 活动性肺结核病；

- 慢性阻塞性肺病；

- 慢性间质性肺病；

- 伴肺功能损害的疾病。

（2）检查内容

a）症状询问：重点询问呼吸系统、心血管系统疾病史、吸烟史及咳嗽、咳痰、喘息、胸痛、呼吸困难、气短等症状。

b）体格检查：内科常规检查，重点检查呼吸系统、心血管系统。

c）实验室和其他检查。必检项目有血常规、尿常规、心电图、血清 ALT、后前位 X 射线高千伏胸片或数字化摄影胸片（DR）胸片、肺功能。

2. 在岗期间职业健康检查

（1）目标疾病

a）职业病：矽肺。

b）职业禁忌证：同上岗前职业健康检查情况。

（2）检查内容

a）症状询问：重点询问咳嗽、咳痰、胸痛、呼吸困难，也可有喘息、咳血等症状。

b）体格检查：内科常规检查，重点检查呼吸系统和心血管系统。

c）实验室和其他检查：

- 必检项目有后前位 X 射线高千伏胸片或数字化摄影胸

片（DR）胸片、心电图、肺功能；

● 选检项目有血常规、尿常规、血清 ALT。

（3）健康检查周期

a）生产性粉尘分级 I 级，2 年 1 次；生产性粉尘作业分级 II 级及以上，1 年 1 次。

b）X 射线胸片表现为观察对象者健康检查每年 1 次，连续观察 5 年，若 5 年内不能确诊为矽肺患者，按上条 a）执行。

c）矽肺患者原则每年检查 1 次，或根据病情随时检查。

3. 离岗时职业健康检查

（1）目标疾病

职业病：矽肺。

（2）检查内容

同在岗期间职业健康检查内容。无机粉尘接触者的职业健康监护，主要检查有无以下疾病活动性肺结核病、慢性阻隔性肺病、慢性间质性肺病、伴肺功能损害的疾病。这些疾病为职业禁忌证。

有机粉尘接触者的职业健康监护，主要检查有无以下疾病：致喘物过敏和支气管哮喘、慢性阻隔性肺病、慢性间质性肺病、伴肺功能损害的疾病。这些疾病为职业禁忌证。

九、 个体劳动防护用品的选择和使用

呼吸防护用品是人体防御环境中有毒有害物质的最后一道屏障。对于粉尘作业的个体防护来说，除按照岗位规定，穿戴好安全帽、工作服、工作鞋等个体劳动防护用品外，最为关键的是，选择并佩戴适宜的呼吸器官防护用品。任何呼吸防护用品为了保障其安全性，都会牺牲一定的舒适性。当选择呼吸防护用品时，首要关注的应是安全性。其次，不要因佩戴后感觉不舒适，就不佩戴或减少使用。

粉尘作业前，请按照规定佩戴适宜的呼吸器官防护用品。

呼吸防护用品分类见下表。

空气过滤式		空气隔绝式
半面型	随弃式	长管呼吸器
	可更换式	
可更换式全面罩		自携式（SCBA）
动力送风过滤式		

粉尘作业的呼吸防护用品，也称防尘（或防颗粒物）呼吸器，主要有防尘口罩、防颗粒物面罩。它们通常由头带、过滤元件和密合型面罩三部分构成。它们都属自吸过滤式防护用品，依靠佩戴者呼吸来克服部件的阻力。佩戴后在人进行呼吸的过程中，实际上在罩体内部形成了一个相对的负压环境。如果佩戴不当或与面部不密合，污染物会经由罩体与脸部边缘的缝隙进入罩体内部，对人体造成损害。因此，做好粉尘的个体防护，合理选择并正确使用呼吸防护用品尤为重要。

① 防尘口罩

不同的防尘口罩使用的过滤材料不同，过滤效果除与颗粒物粒径有关之外，还受颗粒物是否含油的影响。防尘口罩通常要按过滤效率分级，并按是否适合过滤油性颗粒物分类。防尘口罩通常有两种式样，即杯罩式和折叠式。杯罩式优点是不容易塌陷，易保持形状，而折叠式利于单个包装，不用时便于携带。

带呼吸阀折叠式

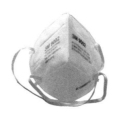

不带呼吸阀折叠式

带呼吸阀罩杯式   不带呼吸阀罩杯式

（1）防尘口罩的选择

防尘口罩的种类很多，选择时必须针对不同的作业需求和工作条件。

根据粉尘的浓度选择。现场检测浓度与职业卫生标准的比值，称危害因数。危害因数越高，危害水平越高，需要的防护水平也越高。半面罩的防护水平为10倍，全面罩为100倍。根据《呼吸防护用品的选择、使用与维护》（GB/T 18664—2002），作为半面罩，所有防尘口罩都适合有害物浓度不超过10倍的职业接触限值的环境，否则就应使用全面罩或防护等级更高的呼吸器。

如果颗粒物具有油性，务必选择适用的过滤材料。根据《呼吸防护用品——自吸过滤式防颗粒物呼吸器》（GB 2626—2006），KN类适合非油性颗粒物，典型的如各类粉尘、焊接烟、酸雾等；KP类适合油性和非油性的颗粒物，典型的油性颗粒物如油烟、油雾、沥青烟、焦炉烟和柴油机尾气中含有的颗粒物等。

如果颗粒物属于高毒物质、致癌物和有放射性，应选择过滤效率更高等级的过滤材料。

对过滤不同粉尘过滤效率的要求，见下表呼吸器的选用。

呼吸器的选用

危害因素	分类	要求
颗粒物	一般粉尘，如煤尘、水泥尘、木粉尘、云母尘、滑石尘及其他粉尘	过滤效率至少满足《呼吸防护用品自吸过滤式防颗粒物呼吸器》（GB 2626）规定的KN90级别的防颗粒物呼吸器
	石棉	可更换式防颗粒物半面罩或全面罩，过滤效率至少满足GB 2626规定的KN95级别的防颗粒物呼吸器
	矽尘、金属粉尘（如铅尘、镉尘）、砷尘、烟（如焊接烟、铸造烟）	过滤效率至少满足GB 2626规定的KN95级别的防颗粒物呼吸器
	放射性颗粒物	过滤效率至少满足GB 2626规定的KN100级别的防颗粒物呼吸器
	致癌性油性颗粒物（如焦炉烟、沥青烟等）	过滤效率至少满足GB 2626规定的KP95级别的防颗粒物呼吸器

带有单向开启呼吸阀的防尘口罩，可降低呼气阻力，并帮助排出湿热空气，对高温、高湿环境，选择带呼气阀的口罩会更舒适。

像焊接等典型的含尘作业，除了高温，还有大量电焊火花，故而需要选择具有阻燃性质的防尘口罩。此外，焊接作业中还会有焊烟和臭氧产生，因此，选择带活性炭层的防尘口罩更为适宜。

在密合性和适用性上，防尘口罩具有和橡胶防尘半面罩相同水平的防护性能，且具有轻便、免保养、通气面积大、低阻力、舒适性强等优势。

（2）防尘口罩的使用

按下图顺序操作。

1.将口罩盖住口鼻，金属鼻夹朝上。

2. 拉起上端头带，置于头顶舒适
   位置，这根头带应在耳朵上方。

3. 拉起下端头带，置于头后颈部
   位置，这根头带需在耳朵下面。

4. 用双手指尖按压鼻梁部的金属片，
   使口罩形状密合鼻梁部的形状。

5.检查口罩气密性。用双手盖住整个口罩，适当呼气，气流不应由口罩四周流出，口罩稍有膨胀，此为正确佩戴。

防尘口罩的结构虽然简单，但使用并不简单。选择适宜的防尘口罩只是防护的第一步，要真正起到防护作用，必须正确佩戴和使用。

严格按照使用说明书佩戴，确保每次佩戴位置正确，不泄漏。在从事粉尘作业时持续佩戴，发现口罩的失效迹象，及时更换。防尘口罩不应水洗。

使用中若感觉其他不适，如头带过紧、阻力过大等，不允许擅自改变头带长度，或将鼻夹弄松等，应考虑选择更舒适的口罩或其他类型的呼吸器。

② 防颗粒物面罩

（1）半面罩和全面罩的选择

应选择具有生产许可证编号（QS）和 LA 证书编号的产品。

合理选择不同材质的过滤式呼吸器。不同材质的过滤式呼吸器，其优缺点如下：

● 橡塑：橡塑成本相对较低，且有一定的橡胶特性，但在低温的条件下罩体变硬，致使罩体与面部的贴合度下降。

● 橡胶：对温度不敏感，且质感比较舒适，缺点是成本相对橡塑较高。

● TPE：热弹性体（TPE）具有良好的质感，且对温度变化不是特别敏感。

● 硅胶：硅胶质感舒适，且对温度的变化不敏感，缺点是成本在所有材料中最高。

选择时应注意，优质的呼吸器面罩边缘应平滑，无明显棱角和毛刺。罩体的材料应无刺激性气味。头带的拉伸度不应过大，过大的拉伸度会造成使用时的不便，且更容易损坏。

适用于粉尘作业的呼吸器，过滤器类型为 P，标色为粉色。

防尘类不能在有毒有害的环境中使用。有毒有害作业环境中有粉尘时应在防毒呼吸器外部加滤尘元件。

半面罩

全面罩

（2）半面罩和全面罩的使用

罩体的使用应注意：

● 每次使用前和使用后均需对面具进行检查，如有破损，需立即更换。不得擅自改装、拼装或组合呼吸器。

● 每次使用后应用中性的洗涤剂清洗面罩，并进行消毒。应在无污染、干燥、无阳光直射的环境存放呼吸防护用品。

过滤元件的使用应注意：

除非厂商特别说明，否则任何过滤元件都不能水洗。

在原厂包装下，请参照厂商提示的使用期限使用。

防尘过滤元件应在呼吸阻力明显增大时更换。

 特别提醒： 不得在面具下垫纱布，会影响面具的密封性。

1.将面具盖住口鼻

2. 调节头带

3. 检查侧面气密性

4. 堵住呼气阀
检查佩戴密合性

十、 典型粉尘作业场所

　　生产性粉尘在石油化工生产中分布很广，遍布上下游企业，那么可能接触生产性粉尘的作业场所有哪些呢？典型的粉尘作业场所如下：

① 油气勘探与开采企业

　　● 石油钻井泥浆配制：水泥粉尘、矽尘、重晶石粉尘（视配置泥浆的原料成分而定）。

　　● 固井作业泥浆混配：水泥粉尘、其他粉尘。

　　● 油气开采与集输注聚站加料：聚丙烯酰胺粉尘。

　　● 油气开采与集输锅炉：煤尘。

　　● 井下作业泥浆干灰配制：水泥粉尘、矽尘。

　　● 井下作业：重晶石粉尘。

油气勘探与开采企业

② 炼油企业

- 催化裂化装置：催化剂粉尘。

- 延迟焦化装置：石油焦粉尘。

- 芳烃抽提、白土精制装置：白土粉尘。

- 汽油吸附脱硫、制氢装置：吸附剂粉尘。

- 硫黄回收装置：硫黄粉尘。

炼油企业

3. 化工企业

- 硫铵回收装置：硫铵粉尘。

- 环氧树脂装置：双酚 A 粉尘、树脂粉尘。

- 聚乙烯装置：聚乙烯粉尘、助剂粉尘。

- 聚丙烯装置：聚丙烯粉尘、助剂粉尘。

- 聚苯乙烯装置：聚苯乙烯粉尘、助剂粉尘。

- 橡胶装置：助剂粉尘。

- 催化剂、助剂加卸作业：其他粉尘（催化剂粉尘、助剂粉尘）。

- 煤化工装置：煤尘、石灰石粉尘、矽尘、其他粉尘。

化工企业

④ 热电企业

- 燃料、锅炉、脱硫、除灰：煤尘、石油焦粉尘、石灰石粉尘、矽尘、其他粉尘。

热电企业

⑤ 工程及检维修企业

- 电气焊作业：电焊烟尘。
- 打磨作业：砂轮磨尘、金属粉尘、其他粉尘。
- 建安施工：水泥粉尘、其他粉尘。

工程及检维修企业

十一、警示标识的设置

生产粉尘的工作场所设置"注意防尘""注意通风""戴防尘口罩"等警示标识,对皮肤有刺激性或经皮肤吸收的粉尘工作场所还应设置"穿防护服""戴防护手套""戴防护眼镜"等警示标识,产生含有有毒物质的混合性粉(烟)尘的工作场所应设置"戴防尘毒口罩"。

注意防尘　　　　戴防尘口罩　　　　穿防护服

戴防护手套　　　戴防护眼镜　　　　注意通风

警示标识设在粉尘作业场所醒目位置。警示标识不设在门、窗等可移动的物体上。警示标识前不得放置妨碍认读的障碍物。

警示标识（不包括警示线）的平面与视线夹角应接近 90°，观察者位于最大观察距离时，最小夹角不低于 75°。具体可参照《工作场所职业病危害警示标识》（GBZ 158—2003）。

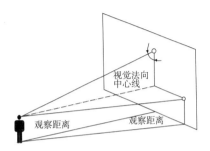

视觉法向
中心线

观察距离　　　　　观察距离